FAITES A LA SOCIÉTÉ D'ANTHROPOLOGIE

SUR LE

MODE DE FORMATION DES MONSTRES DOUBLES

A PROPOS DU MONSTRE PYGOPAGE

CONNU SOUS LE NOM DE MILLIE-CHRISTINE

PAR M. DARESTE

Séance du 4 décembre 1873.

J'ai été, en compagnie de notre président, visiter les deux
jeunes filles dont vient de parler M. Bert. Nous n'avons pu
les voir que pendant une exhibition publique, et, par conséquent, nous n'avons pu recueillir, à leur sujet, que des renseignements bien moins complets que ceux qui viennent de
nous être donnés par notre collègue. Je n'ajouterai donc
rien à la communication qu'il vient de faire.

Mais je crois devoir prendre la parole à l'occasion des
idées qu'il a émises sur la formation de ce monstre double.
Je m'occupe, depuis près de vingt ans, de recherches sur
la tératologie ; et j'ai étudié, dans ce but, plusieurs milliers
d'embryons de poule. Cette étude m'a permis d'observer une
trentaine de cas de diplogenèses et de monstres doubles en
voie de formation. Des faits analogues ont été publiés par
divers physiologistes, Wolf au siècle dernier, Baer, Allen
Thomson et Panum de nos jours. Bien que ces faits soient
encore très-peu nombreux, ils répandent cependant une assez
vive lumière sur la genèse des monstres doubles. Je demande à la Société la permission de faire connaître les
conséquences principales que j'ai déduites de leur examen.

Je ferai remarquer, tout d'abord, l'extrême rareté de ces

faits. Les embryons que j'étudiais avaient été soumis à l'incubation dans des couveuses artificielles, et placés dans des conditions physiques destinées à provoquer la formation de monstruosités. J'ai obtenu, en agissant ainsi, un nombre très-considérable d'anomalies et de monstruosités simples. Le nombre très-restreint des monstruosités doubles que j'ai rencontrées, me prouve, d'une manière bien évidente, que ces événements ne peuvent pas être provoqués par des modifications dans les conditions physiques de l'incubation, et qu'ils appartiennent à un état primitif de l'œuf.

On rencontre parfois des œufs à deux jaunes. Or, dès l'antiquité, on avait admis que la formation d'un monstre double chez les oiseaux tenait toujours à la soudure et souvent à la fusion de deux embryons développés isolément sur deux jaunes distincts, mais renfermés dans le même œuf. Cette théorie régnait presque universellement à l'époque où j'ai commencé mes études. L'illustre auteur du *Traité de tératologie* a écrit dans son livre que l'existence de deux jaunes dans une même coquille explique seule la formation des monstres doubles chez les oiseaux.

Les faits observés sont en complet désaccord avec la théorie. Je n'ai jamais vu, toutes les fois que j'ai fait couver des œufs à deux jaunes, se produire de monstres doubles, et je ne suis pas le seul qui ait obtenu un pareil résultat. D'autre part, j'ai constaté, par l'observation, la formation de diplogenèses et de monstres doubles sur des jaunes uniques. Toutefois je me suis demandé si, dans certains cas exceptionnels, deux embryons développés sur des jaunes isolés, mais renfermés dans une même coquille, ne pourraient pas se souder et former un monstre double. Il y a, en effet, des monstres doubles à deux ombilics, les monstres eusomphaliens, comme les appelait I. Geoffroy Saint-Hilaire. L'existence de deux ombilics n'indiquerait-elle pas l'existence de deux jaunes distincts, et restant distincts pendant toute la durée de l'incubation ? Je l'ai cru à une certaine époque ; mais l'observation des faits a fini par me détromper.

Pour qu'il y ait, dans un œuf d'oiseau, formation d'un monstre double, il faut, de toute nécessité, qu'il y ait deux embryons se produisant sur un même jaune. Mais cette formation d'embryons jumeaux sur un même jaune peut se faire par deux procédés distincts, ainsi que je l'ai observé.

La cicatricule est unique dans le plus grand nombre des cas; mais il existe quelquefois deux cicatricules complétement séparées, et placées à une distance plus ou moins grande.

La formation d'un monstre double ne résulterait-elle pas de la soudure ou de la fusion de deux embryons développés au centre de chacune de ces cicatricules?

Cette idée doit se présenter nécessairement à l'esprit; car ces deux embryons sont unis d'une manière médiate, par les jaunes d'abord; puis, à un certain moment, par la fusion des blastodermes; puis, un peu plus tard, par la fusion des aires vasculaires; puis enfin, très-probablement, car je n'ai pu le constater directement, par la fusion des allantoïdes. Il semblerait donc, au premier abord, que tout concourt pour unir ensemble les deux embryons.

L'observation m'a prouvé qu'il n'en est rien. Et, en effet, dans ces conditions, chaque embryon s'enveloppe d'un amnios qui lui appartient en propre; il se développe donc dans une poche spéciale, et complétement isolé de son frère jumeau.

Seulement il arrive, chez les oiseaux, que ces deux embryons, qui se développent isolément presque jusqu'au moment de l'éclosion, vont toujours en se rapprochant l'un de l'autre, par suite de la résorption du jaune et de la rentrée simultanée dans les cavités abdominales des deux frères. Si ce mouvement continue sans s'interrompre, les deux embryons se rencontreront nécessairement par leurs ouvertures ombilicales, et leurs parois abdominales s'uniront, mais seulement d'une manière très-superficielle. On obtiendra ainsi ce type particulier de la monstruosité double que I. Geoffroy Saint-Hilaire a désigné sous le nom d'*omphalopage*, type que l'on rencontre chez les oiseaux, mais qui ne peut pas se produire chez les mammifères, ainsi que je le montrerai plus tard.

La formation d'un monstre double doit donc être cherchée ailleurs. L'observation m'a appris qu'elle ne peut se produire que lorsque deux embryons naissent au centre d'une même cicatricule, et s'enveloppent d'un même amnios. C'est dans ce cas, et dans ce cas seulement, que les corps embryonnaires peuvent s'unir entre eux pour former un monstre double. Et je dois encore ajouter que j'emploie avec intention cette expression : *peuvent s'unir entre eux* ; car la soudure des deux embryons et la formation d'un monstre double n'est pas la conséquence nécessaire de leur apparition sur une cicatricule unique et de leur enveloppement dans un même amnios. Souvent les deux embryons restent séparés, et alors ils se comportent comme dans le cas précédent, en donnant seulement naissance à ce que l'on appelle un *omphalopage*.

Il y a donc encore une condition spéciale pour la formation d'un monstre double, et cette condition consiste bien évidemment dans la position respective des deux embryons au début de leur existence. Mais l'observation ne m'a encore rien appris sur ce sujet, et d'ailleurs la position respective des embryons doit varier pour la plupart des types de la monstruosité double.

Ces faits, qui résultent pour moi de l'observation, expliquent la formation de tous les types de la monstruosité double chez les oiseaux. On ne les a pas encore constatés chez les mammifères, où l'œuf est très-petit, et où les premiers phénomènes embryogéniques sont si difficiles à voir.

Je dois dire cependant que les observations des accoucheurs sur les membranes fœtales des jumeaux nous indiquent très-probablement des faits analogues. Ainsi, tantôt les jumeaux ont chacun leur chorion et leur amnios, et aussi leur placenta ; tantôt ils ont un chorion unique et deux amnios ; tantôt enfin un chorion unique et un amnios unique. Dans ces deux derniers cas, le placenta est unique. Il est impossible de ne pas voir l'analogie qui existe entre le premier cas et l'existence de deux jaunes dans une seule coquille ; entre le second et l'existence de deux cicatricules sur un même œuf ; entre le troisième et l'existence de deux embryons développés sur une cicatricule unique. Il est bien entendu que je ne cherche pas ici à remonter à l'origine de ces dispositions différentes sur lesquelles l'observation directe ne nous a encore rien appris. Je me contente seulement de faire remarquer que l'on a constaté l'existence de deux jumeaux séparés dans un seul amnios ; et que, par conséquent, l'existence de deux jumeaux dans un seul amnios peut être considérée comme la cause de la monstruosité double, chez l'homme et les mammifères.

. . . .

J'ai à répondre aux observations de M. Bert et à celles de M. Broca.

Je commence par M. Bert.

M. Bert admet, dans le plus grand nombre des cas, les notions que je viens de donner sur la formation des monstres doubles ; mais il pense qu'elles ne sont point générales, et qu'elles ne peuvent s'appliquer aux monstres doubles à double ombilic, qu'Is. Geoffroy Saint-Hilaire désignait sous le nom de monstres *eusomphaliens*.

Je comprends d'autant mieux l'objection de notre collègue, que j'ai moi-même partagé pendant longtemps son opinion. Avant de commencer mes recherches, je croyais, avec Is. Geoffroy Saint-Hilaire, que les monstres doubles résultaient toujours, chez les oiseaux, de la soudure ou de la fusion de deux embryons produits sur des jaunes séparés. Lorsque je reconnus que beaucoup de ces monstres se produisent sur un même œuf, puis sur une même cicatricule, j'avais cru devoir excepter de cette règle les monstres doubles à deux ombilics ou eusomphaliens. Si depuis longtemps je suis arrivé à une autre opinion, c'est que j'y ai été conduit par l'observation des faits.

Dans le *Traité de tératologie*, les monstres eusomphaliens se rattachent à trois genres, ou plutôt à trois types distincts : les pygopages, les métopages et les céphalopages.

Je n'ai pas observé de pygopage en voie de formation, mais j'ai pu étudier un métopage et un céphalopage, qui m'ont parfaitement renseigné, l'un et l'autre, sur leur mode d'origine.

Le métopage est un canard double qui m'a été donné par M. Lavocat, directeur de l'école vétérinaire de Toulouse. Il fait actuellement partie des collections du musée de Lille. J'en ai fait faire un dessin que je mettrai dans quinze jours sous les yeux de mes collègues. Ce monstre avait atteint l'époque de l'éclosion. Les deux sujets qui le composent présentent une double union : la première, par les régions frontales; la seconde, par l'intermédiaire d'un cordon assez volumineux entre les deux cavités abdominales. Ce cordon n'est autre chose que le jaune, un jaune unique sur lequel se sont développés les deux embryons. Il suffit de voir cette pièce ou le dessin qui la représente, pour rejeter complétement la théorie qui expliquerait ces monstres par la soudure de deux embryons développés sur des jaunes séparés. D'autre part, ainsi que je le disais tout à l'heure, les expériences de plusieurs physiologistes, parmi lesquels je dois citer notre collègue M. Broca, et mes propres expériences ne me permettent pas d'admettre que deux jaunes primitivement séparés dans une même coquille puissent se souder l'un à l'autre pendant l'incubation.

J'ai observé le céphalopage dans de tout autres conditions. C'étaient deux embryons situés dans un même amnios et couchés sur le jaune exactement comme les deux sujets composant des céphalopages. Les têtes étaient juxtaposées. Évidemment, si la vie avait persisté, les deux têtes se seraient soudées par le vertex, et cette soudure aurait produit un céphalopage. L'unité de l'amnios est pour moi le signe de l'unité de la cicatricule.

Maintenant, comment peut-on concilier ces faits avec l'existence de deux ombilics ?

Cela tient tout simplement à la manière différente dont le jaune ou le vitellus se comporte dans ses rapports avec l'embryon.

Chez les mammifères, le vitellus s'écarte peu à peu de l'embryon pour former la vésicule ombilicale, qui entre dans la composition du cordon et qui se sépare avec lui de l'embryon au moment de la naissance. On comprend donc comment deux embryons, bien que produits sur un même vitellus et n'ayant, par conséquent, qu'une seule vésicule ombilicale, pourront être cependant attachés à cette vésicule unique par deux pédoncules séparés; comment ces deux pédoncules feront partie de deux cordons qui, d'abord distincts, viendront ensuite s'unir l'un à l'autre pour aboutir à un placenta unique. On comprend également comment la section de ces deux cordons produira deux cicatrices abdominales, c'est-à-dire deux ombilics.

Chez les oiseaux, rien de pareil ne peut avoir lieu, puisque ces animaux ne se séparent jamais de leur vésicule ombilicale. Cette vésicule diminue de volume et se vide peu à peu des substances alimentaires qu'elle contient; puis elle rentre dans la cavité abdominale, où elle s'atrophie et finit par disdaraître plus ou moins complétement. Il ne peut donc pas se produire de monstres eusomphaliens chez les oiseaux; car, si l'on admet que deux embryons naissent sur un même jaune, que ces embryons se soudent entre eux ou qu'ils restent isolés pendant la durée de l'incubation, il n'y a pas de raison pour que le jaune rentre dans la cavité abdominale de l'un plutôt que dans celle de l'autre. Par conséquent, la rentrée du jaune dans l'intérieur de chacun des sujets et son atrophie progressive auront seulement pour effet de rapprocher les deux ombilics et de former un de ces monstres dits *omphalopages*, que je vous signalais tout à l'heure.

En résumé, les métopages et les céphalopages se constituent au début, chez les mammifères, de la même façon que chez les oiseaux; mais ils n'ont pas, si l'on peut parler ainsi, les mêmes destinées, par suite de ce fait que l'embryon du mammifère se sépare de la vésicule ombilicale, tandis que l'embryon de l'oiseau ne s'en sépare jamais.

Bien que je n'aie pas observé de pygopage en voie de formation, je crois que les faits observés par moi chez les céphalopages et les métopages s'appliquent à bien plus forte raison à ce type. En effet, l'union chez les céphalopages et les métopages est très-peu profonde, et les sujets composants restent presque entièrement séparés dans plusieurs de leurs parties. Nous savons, au contraire, que dans la pygopagie l'union est bien plus profonde et constitue en certains points une véritable fusion. Pour ne citer qu'un exemple, la partie inférieure de la colonne vertébrale est simple et formée d'éléments appartenant par moitié à chacun des sujets composants. Une pareille pénétration des éléments de deux embryons me paraît absolument incompréhensible, si elle n'a pas lieu tout à fait au début des formations embryonnaires. Nous voyons d'ailleurs par ce qui a lieu chez les métopages et les céphalopages comment on explique, de la façon la plus simple, l'existence des deux ombilics, bien qu'il n'y ait qu'un vitellus et, par suite, qu'une seule vésicule ombilicale.

Il me reste maintenant à répondre aux observations de M. Broca. Mais je ne puis pas répondre aux observations de notre collègue d'une manière générale. Il faut prendre successivement chacun des types de la monstruosité double, et montrer comment chacun de ces types s'explique ou peut s'expliquer par la soudure de deux embryons séparés. C'est assez vous dire que cette partie de ma réponse doit être très-longue. Je craindrais, si je voulais aujourd'hui traiter devant vous un pareil sujet, d'abuser trop longtemps de votre bienveillante attention. Je vous demande, en conséquence, la permission de remettre la fin de ma réponse à notre prochaine réunion.

Séance du 8 janvier 1874.

Je réponds aujourd'hui aux observations de notre confrère M. Broca sur la formation des monstres doubles.

Deux théories sont en présence :

L'une, et c'est celle que défend notre collègue, considère les monstres doubles comme résultant du dédoublement partiel d'un embryon primitivement simple. Dans cette théorie, il n'y aurait pas, à proprement parler, de monstres doubles, mais des monstres par excès de développement, comme on le disait à une certaine époque;

L'autre théorie considère les monstres doubles comme résultant de la soudure et de la fusion plus ou moins complète de deux embryons primitivement distincts. Cette théorie résulte de toutes les études qui ont été faites, par d'autres et par moi, sur la formation des monstres doubles chez les oiseaux; elle résulte également de toutes les études faites sur la formation des monstres chez les poissons, bien que beaucoup de personnes aient cru pouvoir les interpréter d'une manière entièrement différente.

Ici, comme dans ma communication précédente, je m'appuierai exclusivement sur les faits d'observation et sur les conséquences les plus immédiates qui en découlent.

Je mentionne d'abord ce fait, que j'ai soumis à l'incubation artificielle, dans des conditions anormales, près de huit mille œufs de poule, et que j'ai obtenu ainsi près de quatre mille anomalies et monstruosités, parmi lesquelles j'ai constaté presque tous les types de la monstruosité simple. Eh bien! je n'ai rencontré qu'une trentaine de cas de doubles embryons ou de monstres doubles. La conséquence nécessaire de ce nombre si restreint, c'est que la cause qui produit les monstres doubles est un état particulier de la cicatricule, état qui s'est produit antérieurement à l'incubation.

Les études sur la formation des monstres doubles chez les poissons osseux conduisent au même résultat. Jacobi, qui découvrit au siècle dernier le mécanisme de la fécondation chez les poissons et qui inventa les procédés de la fécondation artificielle, avait déjà signalé la fréquence des monstres doubles dans les œufs de ces animaux. De nombreux travaux furent accomplis dans cette voie. Je ne les citerai pas tous, et je rappellerai seulement le mémoire de Lereboullet sur l'origine des monstres chez les poissons. Dans ce travail, l'un des plus beaux dont l'embryogénie se soit enrichie de nos jours et qui contient tant de faits nouveaux et du plus grand intérêt, on trouve le compte rendu de très-nombreuses expériences faites dans le but de provoquer la formation artificielle des monstres. Toutes ces expériences donnent le même résultat, l'impossibilité de produire un monstre double par l'action de causes extérieures ; tandis que ces causes déterminent souvent la formation de monstres simples.

Ainsi donc les résultats obtenus par Lereboullet chez les poissons concordent parfaitement avec ceux que j'ai obtenus chez les oiseaux.

Je sais bien que ce fait n'est pas généralement admis et qu'on a souvent cité des expériences de Valentin, dans lesquelles ce savant physiologiste aurait produit des monstres doubles sur des œufs de poisson soumis à l'opération du brossage. Mais ces allégations ne sont point exactes. J'ai consulté le mémoire original et je me suis assuré qu'il ne contient rien de pareil. Valentin s'est servi du brossage des œufs non pour produire des monstres doubles, mais pour nettoyer leur surface et les rendre d'une observation plus facile. Il dit seulement, en parlant d'un monstre double observé dans un de ces œufs : « *Il serait possible* que je l'eusse produit artificiellement par l'opération du brossage. » Pouvons-nous aller plus loin que lui et considérer, comme un fait démontré, ce que Valentin lui-même ne considère que comme une simple possibilité ?

Nous pouvons d'ailleurs rappeler ici les expériences de Lereboullet. Ce physiologiste a répété plusieurs fois la prétendue expérience de Valentin, en soumettant des œufs de poisson à l'action tantôt séparée et tantôt réunie du brossage et de la compression. Dans toutes ces expériences, le nombre des monstres doubles n'a pas été plus considérable que celui que l'on observe lorsque les œufs se développent dans les conditions normales.

Toutes ces expériences démontrent donc l'impossibilité de produire artificiellement des monstres doubles, en changeant les conditions de l'incubation par des actions exercées directement sur l'œuf.

N'était-il pas possible d'aller plus loin et de pratiquer des divisions sur l'embryon lui-même? Ne pouvait-on pas, en d'autres termes, répéter sur des embryons de vertébrés les célèbres expériences de Trembley sur le polype d'eau douce?

On cite à cet égard une autre expérience de Valentin. Ce physiologiste, ayant fait couver un œuf de poule sur lequel il avait enlevé une petite partie de la coquille et partagé en deux la partie postérieure de l'embryon qu'il contenait, aurait vu les deux segments ainsi produits se compléter et présenter deux bassins et deux paires de membres postérieurs.

J'ai consulté le récit que Valentin donne de son expérience et je dois dire qu'il m'est absolument impossible d'y croire. L'embryon avait été mutilé par Valentin le deuxième jour de l'incubation; puis il s'était développé pendant cinq jours, mais avec un retard manifeste. Or, au septième jour de l'incubation, le bassin n'est pas encore constitué.

D'ailleurs l'expérience de Valentin a été plusieurs fois répétée par Leuckart. Leuckart a réussi à diviser la partie postérieure du corps de l'embryon; mais quelle qu'ait été la prolongation du temps de l'incubation, jamais il n'a vu les parties ainsi divisées se compléter par la formation de parties nouvelles.

M. Broca citait également dans sa communication les cyprins dorés à deux queues que l'on produirait en Chine, disait-il, par une division de la région postérieure du corps. Nous avons en France de ces sortes de poissons. Un pisciculteur bien connu pour son habileté, M. Carbonnier, a reçu, en 1870, plusieurs de ces poissons vivants. On a pu les étudier. M. Georges Pouchet a constaté que, chez ces animaux, la colonne vertébrale est simple dans toute son étendue, et que la duplicité porte simplement sur la partie membraneuse de la queue.

Ainsi donc, la division mécanique des embryons ne produit pas de monstres doubles, pas plus que la modification des conditions extérieures du développement de l'œuf. Il faut donc admettre que la cause de la monstruosité double consiste dans un état particulier de la cicatricule, qui précède le moment où les causes extérieures viennent déterminer l'évolution de l'embryon. Si l'on admettait encore la doctrine de la préexistence des germes, et par conséquent la doctrine de la préexistence des germes monstrueux, la théorie de la monstruosité par excès pourrait être soutenable; mais en présence de la doctrine de l'épigénèse, la formation des monstres doubles ne peut s'expliquer que par la soudure ou la fusion de deux embryons primitivement distincts.

Je vais examiner cette seconde théorie.

Les objections qui lui sont adressées par ses adversaires résultent principalement des difficultés que l'on a rencontrées jusqu'à présent, quand on a voulu expliquer, à son aide, un certain nombre de détails de l'organisation des monstres doubles. Mais ces difficultés tiennent uniquement à la manière dont cette théorie a été formulée, lorsqu'on a cherché à l'établir sur des données hypothétiques; elles s'évanouissent et disparaissent quand on remplace les hypothèses par l'observation des faits.

Lémery, qui défendit le premier cette théorie, admettait que deux embryons, produits dans des œufs différents et complétement développés, pouvaient se souder l'un à l'autre, par l'effet d'une pression mécanique résultant des contractions de la matrice. Winslow lui objecta, et avec raison, qu'un événement tout extérieur, comme celui d'une pression mécanique, ne pouvait expliquer l'admirable régularité de l'organisation des monstres doubles, régularité si grande, qu'elle dépasse souvent celle des êtres simples et normaux. Aussi les contemporains donnèrent-ils généralement raison à Winslow.

De nos jours, Geoffroy Saint-Hilaire fit faire un grand pas à la théorie. Il constata ce fait très-général, que, dans les monstres doubles, l'union a lieu par les faces semblables et par les organes de même nom. Il en conclut l'existence d'une tendance à l'union que posséderaient les parties similaires ; tendance qu'il désigna sous le nom d'*affinité de soi pour soi*. De cette façon, la formation des monstres doubles n'était pas seulement le résultat d'une pression extérieure, c'est-à-dire d'un accident, mais de la mise en jeu d'une loi organogénique. Cette découverte de Geoffroy Saint-Hilaire rend compte assurément de la plupart des faits de l'organisation des monstres doubles ; mais il faut bien reconnaître qu'elle laisse subsister un certain nombre des difficultés que présente leur explication.

Ainsi, dans beaucoup de monstres doubles, certaines régions du corps sont doubles, tandis que d'autres sont simples. La théorie du dédoublement paraît se prêter à l'explication de ces faits, beaucoup mieux que la théorie de la soudure ; car celle-ci exige nécessairement que la région du corps qui est simple appartienne par moitié à chacun des types composants. Il faut donc admettre de toute nécessité, dans cette théorie, telle qu'elle a été d'abord établie, des événements physiologiques incompréhensibles, la destruction préalable de deux moitiés, puis la soudure des deux moitiés restantes.

D'autre part, il y a des monstres chez lesquels certains organes appartiennent par moitié à chacun des sujets composants. Telle est la double poitrine des sternopages ; tel est aussi le double bassin des ischiopages. Doit-on admettre que, dans le premier cas, les sternums et, dans le second, les bassins de chacun des sujets se seraient partagés en deux, puis seraient venus à la rencontre des demi-sternums ou des demi-pubis de l'autre sujet, pour former un organe unique ? Il faut évidemment, dans ce cas comme dans le précédent, supposer des événements physiologiques absolument incompréhensibles. Je ferai remarquer toutefois que, dans ce second cas, la théorie du dédoublement n'explique pas mieux les faits que celle de la soudure.

Ainsi donc, la théorie de la soudure, telle qu'elle a été soutenue par Lémery, puis, avec une très-importante modification, par Geoffroy Saint-Hilaire, présente des difficultés inextricables. Mais ces difficultés tiennent uniquement à ce que Lémery et Geoffroy Saint-Hilaire, qui n'employaient que des considérations théoriques, et qui d'ailleurs n'avaient que des notions inexactes sur l'embryogénie, ont cru que la fusion pouvait se produire sur des embryons ayant atteint un assez haut degré de développement.

Ici, comme dans toutes les questions scientifiques, il n'y a qu'un moyen de sortir d'embarras, c'est la constatation directe des faits. Or les faits nous apprennent que, si la production des monstres doubles résulte de la fusion de deux embryons distincts, elle ne peut cependant avoir lieu que dans certaines conditions déterminées, et lorsque les embryons sont à une certaine période de leur vie et encore en voie de formation.

Les premières notions exactes que nous possédions sur les monstres doubles en voie de formation ont été recueillies chez les oiseaux et se rencontrent dans un petit mémoire publié par Wolf en 1773. Ce grand physiologiste, dont le nom est aujourd'hui beaucoup trop oublié, fut le véritable fondateur de l'embryogénie. Depuis le travail de Wolf, un certain nombre de faits ont été publiés par Baer, Flourens, Allen Thomson et Panum. J'en ai rencontré moi-même près de trente. Bien que ces éléments soient encore fort restreints, ils fournissent cependant des données très-intéressantes pour la connaissance du mode de formation des monstres doubles.

J'indiquerai d'abord les faits généraux qui résultent de l'étude et de la comparaison de ces observations, et qui permettent de faire évanouir toutes les difficultés que présente la théorie de la soudure, telle qu'elle a été présentée par Lémery et Geoffroy Saint-Hilaire.

1° Les monstres doubles, chez les oiseaux, sont produits par l'union, ou par la fusion plus ou moins complète de deux embryons qui se développent sur une cicatricule unique. Dans ces conditions, les embryons n'ont qu'une aire vasculaire, qu'un seul amnios, souvent incomplet, qu'une seule vésicule ombilicale. Les deux allantoïdes ne tardent pas à s'unir peu après leur apparition. Toutefois, malgré la coalescence des circulations vitellines d'abord, et ensuite des circulations allantoïdiennes, les deux embryons peuvent rester séparés, jusqu'au moment de l'éclosion. Il faut, pour qu'ils viennent à s'unir, qu'ils soient placés dans des conditions favorables à l'union des parties similaires.

2° L'union se fait toujours pendant la formation des organes ; ce qui élimine complétement les hypothèses admises, au moins implicitement, par Lémery et Geoffroy Saint-Hilaire, de la destruction partielle des embryons, et de division d'organes précédemment formés.

3° Enfin, les différents modes d'union qui caractérisent la monstruosité double, se produisent toujours pendant la première période de la vie embryonnaire, celle où la masse du corps est entièrement constituée par une substance homogène, où les éléments définitifs des tissus et des organes n'existent pas encore. Ce n'est du reste qu'un cas particulier d'une loi très-générale que j'ai signalée en 1865, et d'après laquelle toutes les monstruosités graves, toutes celles qui modifient profondément l'organisation, se manifestent dans l'embryon, lorsque les organes, étant encore composés de blastèmes homogènes, ne sont encore, à vrai dire, que les ébauches des organes définitifs. Il en résulte que les organes tératologiques, si l'on peut parler ainsi, apparaissent d'emblée, avec leur forme et leur structure caractéristiques. Et, dans le cas particulier qui nous occupe, celui de la formation des monstres doubles, les organes appartenant par moitié aux deux sujets composants *naissent soudés*, si l'on peut parler ainsi, dans des blastèmes qui se sont unis pendant leur formation.

La constatation de ces trois faits : la production des deux embryons sur une même cicatricule, la soudure de ces deux embryons s'accomplissant pendant leur formation même, et antérieurement à l'apparition des éléments histologiques définitifs, fait disparaître les difficultés, insurmontables en apparence, que présente la théorie de la soudure, telle que Lémery, puis Geoffroy Saint-Hilaire l'avaient comprise.

Il me reste maintenant à vous faire connaître le mode particulier de formation de chaque type de la monstruosité double.

Pour simplifier cette exposition, en partant des cas les plus faciles à comprendre pour arriver à ceux qui présentent les plus grandes difficultés, je commencerai par les types où l'union est la plus tardive ; et je terminerai par ceux où elle est la plus précoce.

Le premier cas, le plus simple de tous, est celui des omphalopages, dont je vous parlais dans ma précédente communication. Ici, pas d'ambiguïté possible. Deux embryons, produits, il est vrai, sur un même œuf, mais complétement distincts pendant la durée presque entière de l'incubation, s'approchent peu à peu l'un de l'autre, par le fait de la pénétration des jaunes dans les cavités abdominales, et s'unissent par les ombilics. Dans ce type, il n'y a pas, à proprement parler, soudure, mais seulement juxtaposition. Les deux embryons se sépareraient si, comme il arrive chez les mammifères et chez l'homme, ils se détachaient de la vésicule ombilicale, et constitueraient ainsi deux jumeaux.

Viennent ensuite les céphalopages et les métopages, dont je vous parlais également dans ma dernière communication, qui, en outre de leur union médiate par le vitellus, ne sont unis entre eux que d'une manière très-superficielle par certaines parties de la tête. J'ai observé un céphalopage en voie de formation, dans lequel les têtes des deux embryons étaient juxtaposées, mais non encore soudées. Le degré de développement des deux embryons était celui qui correspond au sixième jour de l'incubation. Je ferai remarquer, d'ailleurs, que dans ces cas, à défaut d'observation directe, l'hypothèse du dédoublement ne serait en aucune façon acceptable, car la séparation primitive des deux corps embryonnaires résulte nécessairement de ce fait, que, dans l'évolution de l'embryon, le tronc se produit toujours avant la tête.

Je vous parlerai maintenant des monstres à union antérieure et à double poitrine. Ces monstres appartiennent à deux groupes bien distincts, les Monomphaliens et les Sycéphaliens, groupes caractérisés à l'extérieur par la séparation ou par la fusion des têtes, et qui ne sont pas moins distincts l'un de l'autre par leur organisation, et par la manière dont se produit l'union des deux embryons.

Celui des deux groupes dans lequel l'union est la plus tardive, est celui des Mononphaliens, dans lequel les têtes sont séparées, et dont les sternopages peuvent être considérés comme le type.

Je vous rappelle d'abord que les sujets composants de ces monstres doubles sont unis seulement dans la région thoracique; que les parois thoraciques appartiennent par moitié aux deux sujets composants ; qu'en vertu de la loi d'union des organes similaires l'un des sujets est normal, tandis que l'autre, ainsi que Serres l'a constaté, présente l'inversion des viscères ; enfin, que chacun des sujets a un cœur qui lui est propre, cœur le plus ordinairement séparé de celui de l'autre sujet, mais qui lui est quelquefois uni.

La formation de ces monstres a pu longtemps paraître difficile à expliquer par la théorie de la fusion ; mais elle l'est bien plus encore par celle du dédoublement. Je ne comprends pas, je l'avoue, comment cette théorie pourrait rendre compte de la formation de la double cavité thoracique, ainsi que de la transposition des viscères que présente nécessairement l'un des sujets.

Or voici ce qu'apprend l'observation directe, complétée par des notions empruntées à la tératogénie des monstres simples. Je n'ai observé qu'une seule fois un de ces monstres en voie de formation. C'était un *hémipage*. L'état de développement auquel il était déjà parvenu ne m'a pas permis de constater son mode de formation. Mais, à défaut d'études personnelles, je puis me servir d'une observation d'Allen Thomson, que nous signalait notre confrère M. Giraldès, et qui était bien évidemment un sternopage en voie de formation.

On observait sur un même jaune deux corps embryonnaires, se regardant par leurs faces antérieures et presque complétement séparés, sauf leur union par l'intermédiaire d'un cœur unique.

Rien n'est plus facile, en faisant intervenir ici les notions de l'embryogénie normale et de celle des monstres simples, que de suppléer aux lacunes de cette observation, et de rétablir par la pensée l'état antérieur et l'état ultérieur de ce monstre double. Au début, deux corps embryonnaires, formés par les régions dorsale et céphalique, étaient couchés à côté l'un de l'autre sur le même vitellus.

Puis, au moment de la formation du cœur, l'anse cardiaque de l'embryon droit est venue faire saillie à la gauche de cet embryon, tandis que celle du sujet gauche a fait saillie à sa droite. De la sorte les deux cœurs se sont placés en présence l'un de l'autre, dans l'intervalle qui sépare les embryons, et ils se sont soudés entre eux pour former le cœur unique signalé par Allen Thomson.

Cette apparition de l'anse cardiaque à la gauche et non à la droite de l'embryon a une très-grande importance : car, ainsi que je l'ai découvert, c'est le fait initial de l'inversion des viscères. L'embryon placé à droite est donc un sujet inverse, et nous avons alors l'une des conditions nécessaires de la sternopagie, ainsi que je l'indiquais plus haut.

L'apparition de l'anse cardiaque à la droite de l'embryon placé à gauche entraîne ensuite son retournement dans des conditions telles, qu'il fait face au vitellus par son côté gauche ; et par contre, l'apparition de l'anse cardiaque à la gauche de l'embryon placé à droite, entraîne le retournement de cet embryon dans des conditions telles, qu'il fait face au vitellus par son côté droit. Et c'est ainsi que ces deux embryons, dont l'un est normal et l'autre inverse, arrivent à se regarder par leurs faces antérieures.

Je dois rappeler ici qu'avant moi Baer avait déjà signalé la liaison qui existe entre l'inversion des viscères et le retournement de l'embryon sur le côté droit ; et qu'Allen Thomson avait rappelé cette observation de Baer, pour expliquer la formation du monstre sternopage. Mais Baer croyait que le retournement est la cause de l'inversion. J'ai constaté au contraire, que c'est l'inversion, ou plutôt son fait initial, l'apparition de l'anse cardiaque à la droite de l'embryon, qui détermine le retournement.

Ces faits nous conduisent à l'état particulier du monstre en voie de formation qui a été décrit et figuré par Allen Thomson. Rien n'est plus facile maintenant que de montrer comment il se serait complété, par l'union des lames viscérales de chacun de ses sujets composants. Dans l'état normal, ces lames, d'abord étalées à côté des lames ventrales, se replient au-dessous de l'embryon, et vont s'unir en avant pour former les parois thoraciques. Ici chacune des lames viscérales aurait rencontré une lame viscérale de l'autre embryon et s'y serait unie.

Vous le voyez, messieurs, la formation par soudure d'un monstre sternopage, est parfaitement évidente et ne présente aucune difficulté.

Messieurs, l'heure avancée ne me permet pas de terminer aujourd'hui ma communication. Permettez-moi de remettre à la séance prochaine ce qui me reste encore à dire.

Séance du 19 février 1874.

Je reprends aujourd'hui la suite de ma réponse à **M. Broca** sur le mode de formation des monstres doubles, en vous signalant ce que j'ai appris sur ce sujet par l'observation directe.

Je vous ai montré, dans ma communication précédente, comment se forment les monstres à union antérieure et à double poitrine dont les têtes sont séparées. Je vous montrerai aujourd'hui ce qui se passe chez les monstres à double poitrine dont les têtes sont réunies, et qui forment, d'après la nomenclature d'Isidore Geoffroy Saint-Hilaire, les types des janiceps, iniopes, synotes et déradelphes.

Ces monstres ressemblent beaucoup aux précédents par l'aspect extérieur et surtout par la constitution des doubles parois thoraciques ; mais leur organisation et leur mode de formation sont très-différents.

Ainsi que les précédents, ces monstres ont deux cœurs, mais ces deux cœurs sont disposés tout autrement ; car, au lieu d'être situés des deux côtés du plan d'union des deux sujets composants, ils sont situés sur ce plan même, et présentent une organisation parfaitement symétrique des deux côtés de ce plan.

Les tératologistes ont, jusqu'à mes travaux, méconnu la véritable nature de ces cœurs. On croyait que chacun d'eux appartenait en propre à chacun des embryons composants. Ayant eu occasion, presque au début de mes recherches, de disséquer un de ces monstres, j'ai fait de vains efforts pour attribuer chacun de ces cœurs à chacun des embryons, et j'ai dû reconnaître que l'on ne pouvait rendre compte de leur organisation et de leur position qu'en les considérant comme appartenant par moitié à chacun des embryons. Mais comment cela pouvait-il se faire ? Je ne voyais alors aucun moyen d'expliquer une disposition si étrange en apparence.

Plus tard, un physiologiste, M. Panum, fit connaître l'existence de deux cœurs chez deux embryons simples. Depuis j'ai rencontré cette anomalie dans une centaine environ de monstres simples. Comment pouvait-on l'expliquer ?

Il n'y avait qu'un moyen, c'était d'admettre que le cœur est primitivement double, et que, par conséquent, la dualité permanente du cœur résulte d'un arrêt de développement. Mais c'était contraire à tout ce que l'on savait sur le mode de formation du cœur, que l'on avait toujours vu simple dès sa première apparition. J'ai donc repris, après tant d'autres, l'étude de la formation du cœur ; et j'ai constaté qu'il existe au début, non pas précisément deux cœurs, mais deux ébauches de cœur, si l'on peut parler ainsi, deux blastèmes cardiaques, primitivement séparés, qui s'unissent à un certain moment pour former le cœur unique de l'embryon. Si l'union de ces blastèmes fait défaut, chacun d'eux se constitue isolément et forme un cœur distinct.

Cette dualité primitive du cœur explique parfaitement le mode de constitution des doubles cœurs dans les monstres dont je m'occupe actuellement ; mais il restait à savoir comment s'opère ici la fusion des deux corps embryonnaires.

L'organisation si complexe de ces monstres était incontestablement l'un des problèmes les plus difficiles de la tératogénie.

J'ai pu le résoudre par l'observation directe, car j'ai observé plusieurs fois de semblables monstres en voie de formation.

Ici, comme chez les céphalopages et les métopages, l'union commence par les têtes ; mais elle est plus précoce, car elle est antérieure à la formation des éléments de la face. L'union des régions crâniennes a pour conséquence ce fait étrange, que les éléments des deux faces se produisent de telle façon qu'ils appartiennent par moitié à chacun des embryons.

Après la soudure des éléments faciaux vient l'union des blastèmes cardiaques, qui se fait de la même manière. Seulement, pour comprendre cette conjugaison des blastèmes cardiaques, il faut ajouter quelques détails sur la formation du feuillet vasculaire, qui se produit, ainsi que je l'ai constaté, d'une façon assez différente de ce que l'on croit généralement.

Partout on signale le feuillet vasculaire comme ayant une forme circulaire dès sa première apparition. Cela n'est pas. Je me suis assuré que, d'abord, il est terminé en avant par un rebord rectiligne, sur lequel se produisent les deux blastèmes cardiaques. De ce rebord naissent deux prolongements qui vont à la rencontre l'un de l'autre et qui, s'unissant sur la ligne médiane, déterminent la jonction des cœurs.

Lorsque, dans les monstres qui nous occupent, la fusion des têtes a eu lieu, les bords antérieurs rectilignes des deux feuillets vasculaires sont alors en contact, et les deux blastèmes cardiaques de chaque embryon s'unissent aux deux blastèmes cardiaques de l'embryon correspondant. Ainsi se forment ces doubles cœurs dont l'organisation présentait une si curieuse énigme aux physiologistes.

Vient ensuite l'union des parois thoraciques, qui se fait par le procédé que j'ai signalé en vous parlant de la formation des sternopages.

Ces monstres ont une organisation beaucoup plus régulière que les embryons simples ; car l'union se fait à une époque antérieure à l'époque de la formation de l'anse cardiaque, antérieure, par conséquent, à celle de la première modification de la symétrie primitive. L'appareil circulatoire conserve ainsi sa symétrie primitive ; mais c'est aux dépens de ses fonctions, car alors la circulation pulmonaire ne peut pas se séparer de la circulation générale. Et c'est ainsi que la régularité de ces monstres devient un obstacle à leur viabilité.

Je devrais maintenant vous parler de la formation des ischiopages, dont j'ai pu voir un exemple pendant sa formation ; mais les études que j'ai faites sur ce type tératologique, tout en ne me laissant aucun doute sur la soudure des deux embryons primitivement séparés, ne sont pas cependant assez complètes pour que je puisse actuellement les exposer. Je me borne à dire que, très-probablement, on confond sous ce nom des types assez distincts par leur organisation et surtout par leur mode d'union. Je ferai d'ailleurs remarquer que la soudure est parfaitement évidente, au moins dans tous les cas où les colonnes vertébrales restent distinctes, où, par conséquent, l'union ne s'opère que par les bassins.

Je passe maintenant aux monstres doubles par union latérale, qui forment, dans la classification d'Is. Geoffroy Saint-Hilaire, les deux familles des sysomiens et des monosomiens.

J'ai observé un monstre sysomien et un monstre monosomien dans des œufs ouverts à une époque très-rapprochée du commencement de l'incubation. Ces monstres présentaient déjà tous leurs caractères tératologiques.

Toutefois Allen Thomson a décrit et figuré la cicatricule d'un œuf étudiée aux premières heures de l'incubation, et qui me présente d'une manière certaine les deux embryons qui composent un monstre sysomien. On voit manifestement, sur la figure qu'il a donnée, deux corps embryonnaires présentant la gouttière vertébrale, mais ne présentant ni la tête ni les lames ventrales. Ces corps embryonnaires sont séparés, mais juxtaposés. Les progrès du développement auraient nécessairement amené leur union. Les lames viscérales intérieures se seraient soudées presqu'au moment de leur apparition, tandis que les lames viscérales extérieures auraient atteint leur développement complet.

La figure donnée par Allen Thomson présente un détail

fort intéressant. Les corps embryonnaires et les gouttières vertébrales ne sont pas rectilignes, mais un peu curvilignes, et ils sont en présence par leur convexité. Ce détail est précisément en rapport avec un fait très-général de l'organisation de ces monstres : c'est que, si la région antérieure est complétement double, la région postérieure présente toujours des traces plus ou moins manifestes de duplicité, tandis que la région intermédiaire se rapproche plus ou moins complétement de l'unité.

Restent enfin les monstres monosomiens, sur lesquels les observations faites chez les oiseaux n'ont encore donné aucune indication. C'est ici que la théorie du dédoublement d'un corps embryonnaire primitivement simple trouve son principal argument et qu'il est le plus difficile de la combattre, car l'union, si elle existe, et je crois qu'elle existe, est très-précoce, et date de cette première période de la vie embryonnaire qui s'étend depuis l'apparition de l'embryon sur la cicatricule jusqu'à l'apparition de ce que l'on a improprement désigné sous le nom de *ligne primitive*.

Cette première période de la vie embryonnaire est à peine connue. Elle mériterait cependant d'être étudiée avec soin, quand ce ne serait qu'au point de vue de la tératogénie ; car c'est pendant sa durée que se forment tous les monstres simples, privés de colonne vertébrale ; et aussi, j'en ai la conviction, les monstres doubles monosomiens.

Au surplus, messieurs, dans une communication où je me suis fait une règle de prendre toujours pour point de départ des faits d'observation, je ne vous aurais point parlé des monstres monosomiens, si je ne pouvais faire intervenir ici les faits observés dans la tératogénie des poissons, faits que l'on a souvent invoqués en faveur de la théorie du dédoublement, et qui ont pour moi une signification toute contraire.

Tous les monstres doubles observés chez les poissons sont ou des omphalopages, ou des monstres par union latérale; et ces monstres par union latérale se rapprochent d'une manière assez marquée des deux familles des sysomiens et des monosomiens. Les uns présentent deux corps terminés par une région caudale unique ; les autres un seul corps portant deux têtes plus ou moins séparées.

Je ne vous rappellerai pas toutes les observations que l'on a faites sur ces monstres ; car, bien qu'étant toutes intéressantes à différents égards, elles sont cependant insuffisantes, et ne fournissent que peu de renseignements sur la question spéciale qui nous occupe. Toutes ces observations, même les plus complètes, celles de Lereboullet, se rapportent à des monstres doubles déjà formés, et présentant en grande partie leurs caractères tératologiques. Or, quand je vois ces monstres doubles, présentant la gouttière vertébrale, les plaques que l'on désigne sous le nom de *vertèbres primitives*, les yeux, les capsules auditives, le cœur, je dois admettre qu'ils ont atteint déjà un degré relativement élevé de développement, et je puis parfaitement supposer que les deux corps embryonnaires étaient distincts à une époque antérieure, quoique, bien évidemment, je ne puisse l'affirmer.

Mais il y a dans les observations de Lereboullet un fait que je ne trouve point dans ses devanciers, et qui a, dans la question actuelle, une très-grande importance. Toutes les fois que ce savant physiologiste a observé des monstres doubles pendant plusieurs jours, il a constaté que, chez ces monstres, l'union allait toujours en augmentant. Dans ceux de ces monstres que je compare aux monstres sysomiens, l'union, d'abord existant dans la région caudale, s'étend peu à peu dans une partie plus ou moins grande du tronc ; dans ceux que je compare aux monstres monosomiens, les têtes, d'abord complétement séparées, s'unissent de plus en plus l'une à l'autre pour former une tête unique. Ainsi, dans tous ces cas, Lereboullet a constaté le fait de la fusion ; il n'a jamais vu celui du dédoublement. Peut-on admettre que dans la période qu'il n'a pas observée, et qui précède ces observations, il y aurait eu un dédoublement antérieur à la fusion ? ce serait une supposition toute gratuite, et que rien ne justifie.

Ainsi donc ces observations, bien qu'elles soient incomplètes, puisqu'elles ne remontent pas à l'origine même des monstres, nous apprennent cependant que l'union va toujours en croissant entre les deux sujets d'un monstre double. Au contraire, personne n'a vu la division, le dédoublement d'un embryon primitivement simple. Et pour tirer de tous ces faits une conclusion générale, nous voyons que toutes les observations relatives à la formation de ces monstres doubles qu'Is. Geoffroy Saint-Hilaire appelle des *monstres autositaires*, c'est-à-dire dans lesquels les embryons composants sont également développés, nous montrent la fusion de deux embryons primitivement distincts.

Ces notions sont-elles applicables aux monstres doubles parasitaires, c'est-à-dire à ces monstres doubles chez lesquels l'un des sujets composants est beaucoup moins développé que l'autre sujet?

Je n'ai observé que très-peu de faits de ce genre. Toutefois leur point de départ ne laisse aucun doute. J'ai vu, en effet, deux embryons se former sur une même cicatricule, l'un complet, l'autre privé de tête. Evidemment, si ces deux embryons étaient venus à se souder, ils auraient formé un monstre double parasitaire, analogue à ceux que Geoffroy Saint-Hilaire a décrits sous le nom d'*hétéradelphe*.

Cette observation a une très-grande importance en tératogénie ; car elle m'a fait connaître la condition générale, d'une part, de la formation des monstres omphalosites, et d'autre part, de la formation des monstres doubles parasitaires. L'embryon frappé de bonne heure d'un arrêt de développement considérable, comme celui qui caractérise l'acéphalie, peut bien se former tout seul sur une cicatricule ; mais dans ce cas, il ne fait, si l'on peut parler ainsi, que s'ébaucher ; et il périt très-vite, parce que son organisation ne se complète pas assez pour devenir compatible avec la vie indépendante. Un pareil embryon ne peut se compléter, par la formation des éléments histologiques définitifs, et prolonger son existence qu'à une condition, celle de rencontrer sur la même cicatricule un embryon jumeau, avec lequel il se soude d'une manière immédiate, ou avec lequel il s'unit d'une manière médiate, par la circulation vitelline. Dans le premier cas, on a un monstre double parasitaire ; dans le second, un monstre omphalosite, jumeau d'un embryon bien conformé. Maintenant il faut 'ajouter que, chez les mammifères à placenta, c'est-à-dire chez la plupart des animaux de cette classe, l'embryon se détache à un certain moment de sa vésicule ombilicale ; et que, par conséquent, le monstre omphalosite se détache de son frère jumeau pour périr immédiatement, au moment de la séparation. Chez les oiseaux, et d'une manière générale, chez tous les vertébrés qui ne se séparent pas de leur vésicule ombilicale, les deux embryons ne peuvent jamais se séparer. La pénétration du vitellus dans l'intérieur de la cavité abdominale, puis sa résorption, ont donc pour résultat de produire un organisme qui simule une monstruosité double, et qui appartient au groupe des monstruosités par inclusion. Wolf avait parfaitement prévu cette conséquence de l'apparition de deux embryons sur la même cicatricule, dans un œuf d'oiseau, lorsque l'un des embryons serait beaucoup plus petit que l'autre. Ce dernier embryon serait, disait-il, absorbé avec le vitellus par son frère jumeau.

Cette conjecture de Wolf se trouve réalisée d'une manière indiscutable dans certains cas de pygomélie que l'on observe chez les oiseaux, et qui même y sont assez fréquents.

Le nom de *pygomélie* a été donné par Is. Geoffroy Saint-Hilaire à un type de monstruosités parasitaires caractérisé par l'existence d'un ou de deux membres pelviens accessoires. Chez tous les pygomèles qui appartiennent à la classe des mammifères ces membres pelviens sont articulés ou soudés avec le squelette du sujet principal; au contraire, chez ceux qui appartiennent à la classe des oiseaux, si, dans certains cas, le même fait se retrouve, dans d'autres, les membres surnuméraires ne s'articulent point avec le squelette et sont simplement implantés dans la graisse abdominale.

Ces deux cas sont très-différents par leur mode de formation, bien qu'il y ait évidemment, dans l'un et dans l'autre, union d'un monstre acéphale réduit au train postérieur, ou,

comme Is. Geoffroy Saint-Hilaire le disait, d'une mylacéphale,
avec un embryon bien conformé. Seulement le mode de formation n'est pas le même.

Quand le squelette du petit sujet est uni à celui du grand,
c'est évidemment un monstre double parasitaire. Mais dans
ce cas l'observation ne m'a pas encore appris comment l'u-
nion peut s'opérer.

Lorsqu'il n'existe point d'union par les squelettes, le fait est
d'une tout autre nature, et se rattache aux monstruosités par
inclusion.

Ici l'embryon acéphale, ou plutôt mylacéphale, se développe
à côté de son frère jumeau, sans avoir d'autre union avec lui
que celles qui résultent du blastoderme commun, puis de
l'aire vasculaire commune. Mais lorsque le vitellus pénètre
dans la cavité abdominale, un peu avant l'éclosion, il entraîne
avec lui l'extrémité pelvienne des membres qui constituent
l'embryon surnuméraire. Is. Geoffroy Saint-Hilaire a signalé
un fait de ce genre, dans lequel un embryon mylacéphale
était suspendu par un pédicule à l'abdomen d'un poulet bien
conformé. Dans ce cas, la rentrée du jaune dans la cavité abdominale n'avait eu lieu que d'une manière incomplète. Puis,
lorsque la rentrée s'est effectuée, la résorption et la dispari-
tion du jaune font que les membres surnuméraires paraissent
simplement implantés dans la graisse abdominale.

Je me borne d'ailleurs à signaler ce fait, dont la signification
me paraît indiscutable. Quant à tous les autres cas de monstruosité double parasitaire, ou de monstrusité par inclusion,
je les laisse pour le moment de côté, car mes études ne m'ont
encore rien appris sur le mode particulier de formation qui
appartient à chacun de ces types. Assurément, si je le voulais,
je pourrais imaginer à cet égard des hypothèses plus ou
moins probables ; mais je ne vois pas trop à quoi cela
pourrait servir. J'espère d'ailleurs que, lorsque je pourrai
reprendre mes études sur la formation des monstres, je ferai
encore, comme je l'ai fait à plusieurs reprises, des rencontres
heureuses qui viendront combler une partie des lacunes si

nombreuses aujourd'hui dans cette branche de la science des monstres. Mais, quoi qu'il en soit, je crois que dans la science, comme d'ailleurs dans un grand nombre de circonstances de la vie, il y a des conditions dans lesquelles il faut savoir attendre, et se résigner à attendre.

Séance du 16 avril 1874.

De la duplicité monstrueuse.

Je dois m'excuser de prendre encore la parole sur un sujet dont j'ai longuement entretenu la Société, il y a quelques semaines ; mais mes collègues comprendront qu'ayant été contredit, presque sur tous les points, par M. Broca, mon silence pourrait être mal interprété. Je dois leur faire connaître les motifs pour lesquels je persiste dans mes convictions.

Je commence par la partie historique.

J'ai dit que la théorie qui explique la formation des monstres doubles par la fusion plus ou moins complète d'embryons primitivement distincts a été soutenue, pour la première fois, au siècle dernier, par Lémery ; tandis que ses devanciers et ses contemporains croyaient à la préexistence des monstres, et ne pouvaient par conséquent considérer les monstres doubles que comme des monstres par excès et doués d'organes surnuméraires. En parlant ainsi, je ne faisais que rappeler un fait historique ; tous mes auditeurs le connaissent, ou, du moins, peuvent facilement le vérifier. Je ne puis donc m'expliquer comment M. Broca me renvoie le reproche de faire revivre la doctrine de la préexistence des monstres ; car, à défaut même de la logique, l'histoire suffit pour démontrer l'exactitude de ma proposition.

Je dois maintenant rectifier une erreur que j'ai commise dans ma précédente communication. J'ai dit alors qu'Etienne Geoffroy Saint-Hilaire a fait revivre la théorie de Lémery, en admettant la soudure d'embryons développés dans des œufs distincts. J'ai relu les écrits d'Etienne Geoffroy Saint-Hilaire, et j'ai constaté qu'il ne s'est jamais prononcé sur les conditions primitives des embryons soudés. C'est un point dont il ne semble pas s'être jamais préoccupé. Mais le progrès immense que la théorie des monstres doubles doit à Etienne Geoffroy Saint-Hilaire est la découverte de la loi qui régit la soudure des deux embryons, et qu'il désigna sous le nom de *loi d'affinité de soi pour soi*. Le mot n'est pas heureux, je l'accorde; mais le fait qu'il exprime, c'est-à-dire la tendance à l'union des parties similaires, ce fait est incontestable; pourvu que l'on n'oublie pas une condition importante que j'ai mise en lumière, c'est que l'union des parties similaires ne se produit, qu'elle ne peut se produire, que pendant leur premier état, leur état de blastème et avant l'apparition des éléments histologiques définitifs. Ainsi complétée, la loi de l'affinité de *soi pour soi*, ou plutôt la loi de l'union des parties similaires, ne s'applique pas seulement à la formation des monstres doubles; elle s'applique également à la formation des monstres simples, lorsque les yeux sont soudés, comme dans les cyclopes, ou lorsque les membres postérieurs sont soudés, comme dans les monstres syméliens; elle s'applique également à la formation des êtres normaux, car elle explique la fermeture du canal vertébral par l'union des lames dorsales, la fermeture de la cavité thoraco-abdominale par l'union des lames ventrales, la formation du cœur par la soudure des deux blastèmes cardiaques primitifs.

Je dois encore ajouter ici un fait historique qui m'avait complétement échappé: c'est que la condition générale de la formation des monstres doubles, chez l'homme et chez les mammifères, a été très-nettement indiquée par Isidore Geoffroy Saint-Hilaire. Mais il est très-remarquable que cet illustre naturaliste ne semble pas avoir compris la nouveauté de son observation, car il n'en parle qu'incidemment et sans paraître y attacher d'importance. Il fait d'abord remarquer, dans un passage de son célèbre livre, que les monstres doubles sont aussi fréquents chez les mammifères unipares, chez l'espèce humaine, par exemple, ou chez la brebis et la vache, que chez les mammifères multipares, dont les femelles, au moment de la gestation, contiennent deux ou plusieurs œufs dans leur utérus. Un peu plus loin, dans un autre chapitre de son livre, il fait remarquer que, pour qu'il y ait formation d'un monstre double, il faut que deux embryons se produisent dans un même œuf, s'enveloppent d'un même amnios, et soient placés de telle sorte que leurs parties similaires soient en contact, afin de permettre l'application de la loi de l'affinité de soi pour soi. Quand cette dernière condition n'est pas remplie, les embryons restent séparés et deviennent des jumeaux.

C'est donc à Isidore Geoffroy Saint-Hilaire que l'on doit la connaissance de la théorie générale de la formation des monstres doubles. Mais il faut remarquer que cette théorie générale n'était point fondée sur l'observation, et qu'elle ne constituait, par conséquent, qu'une simple hypothèse. Dans cette circonstance, comme dans tant d'autres, Isidore Geoffroy Saint-Hilaire donna une preuve de cet esprit de divination par lequel son père et lui découvrirent tant de vérités scientifiques. Mais la science exige autre chose ; il lui faut, non des conjectures, mais des démonstrations.

On n'a pu jusqu'à présent étudier les monstres doubles en voie de formation chez l'homme et chez les mammifères. Mais, chez les oiseaux, l'étude d'œufs ouverts pendant l'incubation a permis à plusieurs physiologistes, parmi lesquels je puis me citer, d'observer des monstres doubles en voie de formation. Par suite de l'unité de type qui se manifeste dans l'évolution de l'embryon du mammifère et de celui de l'oiseau, nous pouvons aujourd'hui démontrer, par l'observation, la théorie tout hypothétique d'Isidore Geoffroy Saint-Hilaire.

Si ce savant physiologiste pressentit la vérité pour les mammifères, il la méconnut complétement pour les oiseaux.

Une vieille tradition physiologique, qui remonte au moins jusqu'à Aristote, attribue la formation des monstres doubles, dans cette classe, à l'union de deux embryons qui se seraient d'abord développés isolément sur deux jaunes contenus dans une même coquille. Isidore Geoffroy Saint-Hilaire accepta cette tradition, dont il avait cru trouver la preuve dans une observation due à son père.

Un œuf très-volumineux et soumis à l'incubation avait donné, au moment de l'éclosion, deux embryons réunis l'un à l'autre par une bride interposée entre les deux vitellus qui n'étaient pas encore rentrés dans la cavité abdominale. Or le mirage aurait permis de constater d'abord l'indépendance primitive des deux vitellus, puis leur union à l'aide d'une bride membraneuse. Isidore Geoffroy Saint-Hilaire mentionna ce fait, en 1837, dans son *Traité de tératologie*, comme formant un type particulier de la monstruosité double, type qu'il désigna sous le nom d'*omphalopage*. Plus tard, en 1855, il le rappela, avec de nouveaux détails, dans une communication faite à l'Académie des sciences.

Cette observation est unique dans la science, et elle est en désaccord avec le résultat des expériences. Toutes les fois qu'on a fait couver des œufs à deux jaunes (et ici je puis rappeler, entre autres expériences, celles de M. Broca et les miennes propres), on n'a jamais obtenu de monstres doubles. L'observation rapportée par Isidore Geoffroy Saint-Hilaire a-t-elle donc la signification que cet illustre naturaliste lui a attribuée ? ou bien ne pourrait-elle pas être interprétée d'une façon plus conforme aux faits ? En effet, j'ai eu occasion d'observer des œufs à deux vitellus, mais dans lesquels les deux jaunes étaient soudés avant l'incubation. Ils m'avaient été donnés, et c'est une circonstance que je dois rappeler ici, par notre regretté collègue M. le docteur Morpain. D'autre part, M. Panum a décrit des œufs dont le jaune, quoique unique, présentait un étranglement médian. Le fait décrit par Isidore Geoffroy Saint-Hilaire ne pourrait-il pas s'expliquer par une disposition analogue ?

Évidemment, je ne puis rien affirmer, mais je ne puis pas ne pas exprimer les doutes que cette observation soulève dans mon esprit.

D'abord, Isidore Geoffroy Saint-Hilaire n'a pas fait l'observation lui-même.

D'autre part, le mirage des œufs donne-t-il des indications assez sûres pour que l'on puisse les accepter comme des faits parfaitement prouvés? Je puis en parler avec connaissance de cause, car j'ai fait moi-même de nombreuses observations à l'aide du mirage, et je me suis servi, dans ce but, d'un appareil que je devais à M. Carbonnier. J'ai acquis la conviction que le mirage donne des indications utiles, mais qui, dans bien des cas, n'entraînent point avec elles une conviction absolue.

Mes doutes sur ce sujet ont été d'ailleurs pleinement confirmés. J'avais souvent entendu contester l'exactitude des résultats obtenus par Etienne Geoffroy Saint-Hilaire, dans ses expériences sur la production artificielle des monstruosités. J'ai désiré me renseigner exactement sur ce sujet, et, comme Etienne Geoffroy Saint-Hilaire dit qu'il avait conservé les produits de ces expériences, j'ai demandé, en 1862, à son collaborateur, F. Prévost, s'il serait possible de retrouver ces précieux documents. F. Prévost a bien voulu les rechercher avec moi, dans un grenier du Muséum où l'on avait entassé un certain nombre des pièces anatomiques qui avaient servi aux travaux de son illustre maître. Nous n'avons pas retrouvé les pièces elles-mêmes; mais nous avons mis la main sur deux gravures inédites où j'ai pu reconnaître plusieurs des faits rapportés dans les mémoires de l'illustre naturaliste.

Dans l'une de ces gravures, que je mets sous vos yeux, est une série de dessins représentant le fait décrit par Isidore Geoffroy Saint-Hilaire. On y voit trois figures représentant un œuf à deux jaunes, observé à diverses époques à l'aide du mirage. Dans la première, les jaunes sont séparés; dans la seconde, qui représente un degré ultérieur de développement, ils sont réunis par un pédoncule; dans la troisième, qui correspond manifestement à une époque postérieure à la seconde, les jaunes sont séparés de nouveau. Ce qui ressort de la comparaison de ces trois gravures, c'est évidemment que si la bande d'union a échappé à l'observateur dans la troisième observation, elle a pu aussi bien lui échapper dans la première. Je ne puis donc admettre, comme démontrée, la réalité de la séparation primitive des deux jaunes, invoquée par Isidore Geoffroy Saint-Hilaire.

Je l'admets d'autant moins que tous les faits observés conduisent à une interprétation différente de l'origine des monstres doubles chez les oiseaux.

Déjà, au siècle dernier, en 1773, le grand embryogéniste Wolf avait publié deux observations remarquables : celle de deux embryons distincts développés sur une cicatricule unique et celle d'un monstre double en voie de formation, également produit sur une cicatricule unique. Baer, en 1827, a décrit un fait analogue à la seconde observation de Wolf. En 1843, Allen Thomson, dans un mémoire souvent cité dans cette discussion, rappela ces faits, auxquels il ajouta des faits analogues, observés par lui-même : il en déduisit cette conclusion, que chez les oiseaux deux embryons peuvent apparaître sur une cicatricule unique ; et tantôt rester isolés, tantôt s'unir entre eux pour former un monstre double. Mes observations propres, et celles de M. Panum, ont pleinement confirmé cette opinion d'Allen Thomson. Je ne les rappellerai pas ici, je me contente de signaler un fait beaucoup plus remarquable encore, et que je n'ai rencontré qu'une fois : l'apparition sur une même cicatricule de trois embryons distincts. Je cite ce fait pour répondre à M. Broca qui m'objectait la formation des monstres triples.

C'est donc à Allen Thomson que l'on doit la connaissance de la théorie générale de la formation des monstres doubles chez les oiseaux ; théorie qui n'est d'ailleurs que la reproduction de celle d'Isidore Geoffroy Saint-Hilaire pour les mammifères ; puisque l'ovule du mammifère, après la segmentation, est absolument comparable à la cicatricule de l'oiseau.

Plus tard, en 1855, Coste expliqua d'une manière analogue, par la soudure de deux embryons développés sur une cicatricule unique, la formation des monstres doubles chez les poissons.

Je laisse complétement de côté la formation des monstres doubles chez les animaux qui appartiennent à un autre type que celui des vertébrés. Leurs conditions anatomiques et physiologiques sont tellement différentes de celles des animaux vertébrés, que je considère comme inexacte toute assimilation que l'on chercherait à faire des uns aux autres.

Voilà, messieurs, l'histoire de la théorie de l'union présentée par Isidore Geoffroy Saint-Hilaire. Elle s'est constituée peu à peu, par une série de faits dus à d'illustres physiologistes, auxquels j'ai été assez heureux pour ajouter mes propres observations, faits parfaitement établis, et que personne ne peut révoquer en doute.

M. Broca accepte ces faits aussi bien que moi. Si j'ai bien compris ses paroles, notre désaccord ne porte que sur l'interprétation des faits, sur la manière dont M. Broca et moi nous comprenons le rôle physiologique de la cicatricule.

Pour M. Broca, la cicatricule et l'embryon sont un même organisme. Lorsque l'incubation est déterminée par des conditions physiques normales, la cicatricule se développe en un embryon unique. Si les conditions physiques se modifient d'une certaine façon, la cicatricule se divise. Quand cette division de la cicatricule arrive au début, on obtient deux embryons ; quand elle est plus tardive, l'embryon, primitivement simple, se divise partiellement et devient un monstre double.

Pour ma part, je considère la cicatricule et l'embryon comme deux êtres vivants, unis l'un à l'autre, mais, dans une certaine mesure, indépendants l'un de l'autre. La cicatricule est un organisme qui, sous l'influence de l'incubation, peut se développer, se transformer en blastoderme et parcourir toutes les phases de son existence, sans que le germe embryonnaire qu'elle contient se développe également. C'est à M. Broca lui-même que j'emprunte les premiers faits de ce genre qui soient venus à ma connaissance. Il les a publiés dans un mémoire sur les œufs à deux jaunes qu'il a bien voulu rédiger à ma prière, en 1861. Depuis lors, j'ai bien souvent rencontré des faits analogues, dans le cours de mes recherches sur la production artificielle des monstruosités.

Les germes embryonnaires, ou plutôt les centres de formation embryonnaire que contient la cicatricule, ne se produisent point sous l'influence de l'incubation et remontent à une époque antérieure. Il n'y en a qu'un dans les circonstances ordinaires ; très-rarement il y en a deux ; et trois, beaucoup plus rarement encore.

Maintenant, comment se fait-il qu'une même cicatricule contienne deux ou trois centres de formation embryonnaire ? N'ayant point fait de recherches sur ce sujet, je ne puis avoir d'opinion personnelle. Je rappelle seulement que Coste a tenté d'expliquer le fait par la présence de deux vésicules germinatives dans un même ovule. Ce fait fut contesté par Lereboullet. Plus tard M. Balbiani a décrit dans l'ovule des animaux une seconde vésicule qu'il a désignée sous le nom de vésicule *embryogène*, et autour de laquelle se formerait la cicatricule. Or, d'après une communication verbale de M. Balbiani, deux vésicules embryogènes peuvent se produire dans un ovule unique : éloignées, elles donnent naissance à deux cicatricules distinctes ; rapprochées, à une cicatricule unique, mais qui contient deux germes embryonnaires. Je cite ces opinions, sans les rejeter ou sans les admettre, faute d'études personnelles. Je dois dire cependant que je me suis souvent demandé si l'existence de **deux** centres de formation embryonnaire dans la même cicatricule ne résulterait pas de la fécondation. Ce qui me le fait soupçonner, c'est la faculté que possèdent certains hommes de produire des jumeaux, faculté qui serait même héréditaire. Mais, quelle que soit la cause qui détermine exceptionnellement l'apparition de deux ou de trois embryons sur une cicatricule unique, il est évident pour moi que cette cause a produit son effet antérieurement à l'incubation.

Ce qui le démontre, pour moi, de la manière la plus évidente, c'est l'impossibilité, parfaitement constatée, de la production artificielle d'un monstre double par l'action des causes qui produisent les monstres simples, c'est-à-dire par la modification des conditions physiques de l'incubation. Je puis le dire : c'est avec regret que je constate un pareil fait. Je serais très-heureux si M. Broca pouvait me convaincre que je me suis trompé, et que la formation d'un monstre double peut être provoquée comme la formation d'un monstre simple. Cela me permettrait de rassembler très-promptement les éléments d'un travail pour lequel je n'ai réuni, depuis quatorze ans, que des matériaux très-peu nombreux, et qui sont bien loin de répondre à toutes les questions que je me suis posées. Mais, lorsque je rencontre seulement un cas de diplogenèse ou de monstruosité double sur deux cent soixante embryons soumis à l'incubation artificielle dans des conditions anormales, il m'est impossible, absolument impossible, de croire que j'aie été pour quelque chose dans la production d'un pareil événement. C'est d'ailleurs la conclusion à laquelle est arrivé Lereboullet dans son magnifique travail sur la production des monstres chez les poissons, conclusion qu'il déduit d'un nombre extrêmement considérable d'expériences comparatives faites avec la plus scrupuleuse attention et avec la rigueur scientifique la plus complète.

Je sais bien que M. Broca et M. Jousseaume nous ont cité des expériences, également faites sur des poissons, et qui auraient donné des résultats entièrement contraires. Mais ils n'ont point fait eux-mêmes ces expériences, et ils me laissent, par conséquent, toute ma liberté d'esprit pour en contester la signification. Or j'ai lieu de croire que les faits allégués par mes deux savants collègues ne sont point des faits de monstruosité double et doivent recevoir une tout autre interprétation.

Dans mes expériences sur la production artificielle des monstres chez les oiseaux, j'ai constaté plusieurs fois la rupture partielle de la gouttière primitive qui constitue, dans l'embryon, la ligne de moindre résistance. Il paraît que, dans certains cas, elle se rompt dans toute sa longueur. Notre collègue M. Giraldès nous en a cité récemment un exemple d'autant plus curieux, qu'il a fait un certain bruit, il y a trente ans, par suite d'une certaine théorie embryogénique dont il a été le point de départ. Mais ces divisions partielles ou totales de la ligne primitive ne constituent pas des monstres doubles, car je n'ai jamais vu de parties nouvelles se constituer sur la ligne de division; elles ne constituent pas non plus des monstres simples, car l'embryon, ainsi altéré, cesse de s'accroître et ne tarde pas à périr.

Des faits semblables se produisent chez les poissons. J'en trouve un certain nombre d'exemples dans le mémoire de Lereboullet. Lereboullet y décrit et y figure des embryons à deux corps réunis antérieurement et postérieurement par une tête unique, et une queue également unique. Or, dans tous ces embryons, je ne vois pas deux corps, mais deux moitiés de corps qui se sont écartées l'une de l'autre par la rupture de la gouttière primitive. Ici, comme chez les oiseaux, je ne puis voir ni monstruosité double ni monstruosité simple. Ce sont des embryons simples, divisés partiellement sur la ligne médiane par la rupture de la ligne primitive, et voués, par ce motif, à une mort très-prochaine.

Ici, messieurs, permettez-moi d'ajouter que je cite ces faits avec regret, car Lereboullet n'est plus là pour me répondre, et personne n'admire plus que moi son mémoire sur l'origine des monstres. Mais je suis contraint, pour défendre mes opinions, de vous signaler une cause d'erreur d'autant plus redoutable qu'elle a égaré l'esprit d'un homme que nous devons tous reconnaître comme un des maîtres de la science embryogénique. Je m'en rends d'ailleurs facilement compte par les circonstances dans lesquelles Lereboullet a exécuté ce travail, qui, destiné à concourir pour un prix proposé par l'Académie des sciences, devait être terminé à époque fixe. Il devait, avant tout, chercher à accumuler les faits, et n'avait pas toujours le temps de les étudier en détail. Je suis convaincu qu'il connaissait mieux que personne les imperfections de son travail, et qu'il aurait repris d'une manière plus complète l'examen des faits si nombreux et si intéressants qu'il a signalés le premier, s'il n'était pas mort prématurément peu de mois après la publication de son ouvrage. Je vous devais cette explication par respect pour la mémoire de Lereboullet.

Une division longitudinale de l'embryon, suivant la gouttière primitive, peut donc simuler la monstruosité double. Or je suis convaincu que, lorsque l'on a cru produire artificiellement des monstres doubles chez les poissons, on n'a pas fait autre chose que de déterminer ces sortes d'accidents, dans lesquels, ainsi que je viens de le dire, je ne puis voir ni des monstruosités doubles ni même des monstruosités simples.

J'applique ces observations au travail du docteur Knoch, de Moscou, dont M. Broca nous parlait naguère. J'ai lu ce travail avec beaucoup d'attention. Cet observateur raconte qu'ayant placé des œufs de poissons fécondés artificiellement, les uns dans un réservoir dont l'eau était maintenue calme, les autres dans un autre réservoir où ils étaient soumis à un mouvement continuel, par suite du renouvellement continuel de l'eau, ces derniers présentèrent seize monstres doubles, tandis que les autres n'en présentèrent point. Mais ces monstres doubles n'appartenaient point à tous les types de la monstruosité double possibles chez les poissons : ce n'étaient, comme M. Knoch en fait expressément la remarque, que des cas de ce qu'il appelle *diplomyélie*, c'est-à-dire des cas de division partielle suivant la gouttière vertébrale. Or je crois que M. Knoch a considéré comme des monstres doubles des embryons qui n'étaient que partiellement divisés. Je me sers de cette expression *je crois*, parce que les descriptions de M. Knoch sont tellement incomplètes, les figures qu'il donne sont tellement insuffisantes, qu'il m'est absolument impossible de me faire une idée exacte des objets qu'il a décrits et figurés.

En résumé, je ne connais aucun fait démontrant la possibilité de produire un monstre double par la modification des conditions physiques qui concourent à l'évolution. Mais serait-il possible de produire un monstre double par la division mécanique de certaines parties d'un embryon en voie de développement ?

J'ai cité, dans ma précédente communication, une expérience de Valentin qui aurait constaté la formation de deux trains postérieurs chez un embryon de poule dont il aurait divisé l'extrémité caudale au troisième jour de l'incubation. C'est la seule expérience de ce genre qui aurait donné un résultat satisfaisant. J'ai cru devoir la révoquer en doute, parce que les détails donnés par Valentin ne me paraissent pas conformes avec nos connaissances sur le développement de l'embryon. M. Broca m'a rappelé qu'au septième jour de l'incubation les membres postérieurs sont déjà formés et bien visibles. Certes j'ai manié assez d'embryons pour connaître ce fait aussi bien que M. Broca. Mais ce qui me fait douter de la réalité du fait, c'est que Valentin signale l'existence de deux bassins. Au septième jour, et surtout lorsqu'au dire de Valentin lui-même la mutilation de l'embryon a retardé son évolution, je ne comprends pas comment on a pu constater l'existence de deux bassins; et je crois, par conséquent, que l'observation reste douteuse.

Du reste, je ne connais cette expérience de Valentin que par une note très-courte, et, malgré toutes mes recherches, je n'ai pu en trouver ni un récit complet, ni une figure capable de m'en faire comprendre le résultat. Il m'est donc impossible de la discuter. Mais il y a une manière bien simple de prouver l'exactitude du récit de Valentin. On ne peut pas toujours répéter une observation; mes études sur la formation des monstres doubles ne me l'ont que trop prouvé; mais on peut toujours répéter une expérience. Eh bien, je ne comprends pas, je ne puis pas comprendre comment un physiologiste qui aurait observé un semblable résultat n'aurait pas cherché à le reproduire; car la production artificielle d'un monstre double serait assurément l'une des plus remarquables découvertes de la physiologie. Or Valentin ne l'a pas fait. Et, d'autre part, un autre physiologiste, Leuckart, affirme avoir toujours échoué lorsqu'il a voulu répéter l'expérience. Il y a là des motifs très-puissants pour croire que le fait rapporté par Valentin n'est pas exact. Mais, au lieu de discuter indéfiniment, que mes adversaires refassent l'expérience; qu'ils produisent, s'ils le peuvent, un monstre double, en mutilant un embryon. Je m'empresserai de reconnaître mon erreur et d'accepter tous les faits qui se présenteront avec toutes les garanties nécessaires pour bien établir leur authenticité.

J'ai encore quelques mots à dire au sujet des cyprins dorés à queue double. Je ne sais pas comment M. Broca m'attribue la pensée que cette anomalie résulterait d'une division mécanique, car j'ai dit précisément le contraire, et je l'ai dit en rappelant les observations de notre collègue M. Georges Pouchet, qui a reçu, il y aura bientôt cinq ans, les premiers animaux de cette race, que M. Carbonnier est parvenu à faire reproduire. M. Pouchet a constaté chez ces animaux l'indivision de la colonne vertébrale. Assurément l'existence de deux nageoires caudales est un fait fort intéressant, mais qui est loin d'avoir la signification qu'on a voulu lui donner.

Je ne connais donc aucun fait qui démontre la possibilité de la production d'un monstre double par la division mécanique d'un embryon primitivement simple ; et je persiste dans mon opinion, malgré toutes les dénégations qui lui ont été opposées.

Maintenant je dois répondre à quelques objections de détail que M. Broca a opposées aux observations d'Allen Thomson et aux miennes, relativement au mode de formation de certains types particuliers de la monstruosité double.

J'ai rappelé d'abord l'observation d'un céphalopage en voie de formation. J'ai vu, sur un vitellus unique, deux embryons placés comme les deux sujets composants d'un céphalopage, mais dont les têtes n'étaient encore que juxtaposées. Je suis convaincu que si le développement avait continué, les têtes de ces deux embryons se seraient soudées. M. Broca m'a dit : « Mais comment ces deux embryons vous ont-ils manifesté l'*intention* de se souder ? » C'est l'expression même dont il s'est servi. Évidemment, dans ce cas particulier, je ne puis affirmer que ces deux embryons se seraient soudés par les têtes : les preuves me manquent. Mais ici qu'importe un fait particulier ? Tous les embryogénistes savent que l'apparition de la tête est consécutive à l'apparition du corps. Or, lorsque je vois deux embryons qui ne sont unis que par les têtes, comme c'est le cas des céphalopages, je ne puis pas ne pas admettre qu'il y a eu un moment où les deux embryons étaient complétement séparés.

Lorsque j'ai parlé de la formation des sternopages, j'ai cité, à défaut d'observations personnelles, un fait fort intéressant, qui a été décrit et figuré par Allen Thomson, et j'ai montré comment ce fait nous explique la formation de ces monstres, où l'un des sujets présente nécessairement l'inversion des viscères. M. Broca nous a dit que l'inversion des viscères est un fait très-rare, et qu'il ne comprend pas comment il se produisait à point nommé pour déterminer l'union de deux embryons. Ma réponse est très-simple. Si, lorsque deux embryons sont placés parallèlement l'un à l'autre, l'un d'eux ne présente point d'inversion, les embryons se retourneront tous les deux, de manière à faire face au vitellus par le côté gauche, et par conséquent ils ne pourront se faire face l'un à l'autre et s'unir pour former un monstre double; ils resteront, par conséquent, complétement séparés.

D'autre part, M. Broca a nié la généralité du fait de l'inversion des viscères dans les monstres analogues aux sternopages; il a cité à ce sujet l'observation d'un monstre appartenant à ce type et disséqué dans son laboratoire, et dont les poumons n'auraient point présenté de transposition. Mais M. Broca ignore donc que la transposition des poumons n'accompagne pas toujours l'inversion des viscères, bien qu'elle l'accompagne souvent. Pour ma part, je ne connais aucun cas de sternopagie dans lequel l'un des sujets n'aurait pas présenté l'inversion du cœur, de l'estomac et du foie; et je suis convaincu qu'on n'en trouvera pas, puisque c'est l'inversion de ces organes dans l'un des embryons qui détermine nécessairement la sternopagie.

Viennent ensuite les monstres à double poitrine et à têtes soudées, qui forment les types décrits sous les noms de *janiceps*, *iniope*, *synotes* et *déradelphe*. Ce sont les types monstrueux qu'il est le plus difficile d'expliquer par des considérations théoriques; mais les observations que j'ai faites sur

plusieurs de ces monstres, à différentes époques de leur évolution, m'ont appris, de la manière la plus complète, comment s'opère la fusion des deux embryons qui les constituent.
J'ai montré que la difficulté la plus grande que présente l'explication de leur organisation tenait à ce que, antérieurement
à mes recherches, on ne connaissait pas le mode de formation du cœur et sa dualité primitive. M. Broca a émis
quelques doutes sur ce point d'embryogénie. Il est possible que je n'aie pas donné, dans ma précédente communication, tous les détails nécessaires· pour bien faire comprendre les résultats de mes recherches, mais j'étais obligé
d'aller très-vite, pour ne pas donner trop de longueur à des
explications déjà fort longues. Je n'y reviendrai pas aujour-
d'hui ; mais je m'engage à montrer dans quelque temps à
M. Broca, s'il le désire, et à tous ceux de mes collègues qui le
désireront, tous les faits relatifs à la constitution primitive du
cœur, ou plutôt des blastèmes cardiaques, dans l'embryon.
Les conditions qui m'ont été faites depuis mon retour à Paris
ne m'ont point permis de reprendre mes expériences sur la
tératogénie, mais je compte être bientôt en mesure de le
faire et de démontrer à tous l'exactitude des faits que j'ai
annoncés.

J'ai cité une autre observation d'Allen Thomson, celle de
deux embryons juxtaposés sur une même cicatricule et ne
présentant encore que les lames dorsales. J'ai montré comment ces deux embryons n'auraient pu continuer à se développer sans se souder entre eux par la fusion des lames ventrales et sans produire un monstre double appartenant à la
famille des sysomiens. M. Broca m'a combattu par des objections qui portent à faux, car il m'accuse d'admettre des des-
tructions de parties préexistantes. Or j'ai soutenu et je sou-
tiens le contraire, car je ne puis comprendre la soudure
de deux embryons que pendant la période même où ils se
forment.

Je n'irai pas plus loin dans cette revue rétrospective. J'ai
rappelé ce que j'ai vu, ce que d'autres ont vu, et j'ai déduit

de ces observations quelques conséquences qui en dérivent naturellement. Je laisse de côté, il est vrai, un grand nombre de types monstrueux, sur la formation desquels mes recherches ne m'ont encore rien appris. Je pourrais assurément faire à leur sujet des conjectures et des hypothèses, mais je n'y vois aucun avantage, et je préfère attendre que d'heureuses circonstances me fournissent le moyen de combler ces lacunes de mon travail.

C'est pour ce motif que je n'entre pas dans la discussion des faits relatifs à la monstruosité par inclusion. Je crois que ces monstruosités résultent toujours de l'union de deux embryons ; mais, sauf certains cas de pygomélie dont je vous ai fait connaître le mécanisme, je ne possède actuellement aucun document qui puisse m'éclairer sur ce sujet. Je dois dire toutefois que je ne suis pas ébranlé par un argument que M. Broca a fait valoir et auquel il paraît attacher une grande importance : c'est l'existence, dans le parasite inclus, de parties qui n'existent pas dans l'être normal. M. Broca nous a rappelé l'observation faite par Meckel d'un nombre très-considérable de dents dans un semblable parasite, nombre dépassant de beaucoup le nombre normal. Mais M. Broca ne peut ignorer que la monstruosité fait parfois apparaître des caractères nouveaux et absolument étrangers aux caractères normaux de l'espèce. Je n'en citerai qu'un exemple, que tous mes collègues ont pu voir il y a quelques jours, l'existence de mamelles inguinales chez une jeune fille.

Il me reste enfin à dire quelques mots au sujet de la polydactylie et de la polymélie. On m'a demandé si j'admettais la dualité monstrueuse comme point de départ de la polydactylie et de la polymélie, en me disant que j'étais contraint de le faire, si je voulais être conséquent avec moi-même, et qu'en niant, dans ces cas, la dualité monstrueuse, je ne pouvais l'admettre dans tous les autres.

Je dois dire d'abord que la polydactylie et certains faits de la polymélie ne résultent pas de la dualité monstrueuse. Je n'ai point ici d'observations personnelles. Toutefois la tératologie n'est pas absolument muette sur cette question. Les expériences de réintégration des membres amputés chez les tritons et les axolotls, expériences si souvent répétées depuis Bonnet et Spallanzani, nous montrent que les membres de formation nouvelle présentent fréquemment des doigts surnuméraires ; que parfois même ils sont doubles au lieu d'être simples. Ces faits prouvent, de la manière la plus évidente, qu'ici la dualité embryonnaire n'intervient en aucune façon, pas plus qu'elle n'intervient dans la formation d'une vertèbre ou d'une dent surnuméraire. Mais j'avoue que je ne comprends pas, que je ne puis comprendre comment l'apparition, dans certains cas, d'organes surnuméraires, peut être opposée, comme une fin de non-recevoir, aux observations qu'Allen Thomson a faites et à celles que j'ai faites moi-même sur la formation des monstres doubles par l'union de deux embryons. Il y a là deux ordres de faits absolument distincts.

Je n'irai pas plus loin, car je ne crois pas qu'il soit utile d'engager des discussions qui ne peuvent se terminer lorsque les faits manquent. Je dirai seulement que les objections de M. Broca, fondées entièrement sur des notions théoriques, n'ont pu ébranler mes convictions, qui résultent de l'étude d'un certain nombre de monstres doubles en voie de formation. Ces études sont incomplètes, je le sais mieux que personne ; mais j'ai l'espoir de les compléter quelque jour et de combler peu à peu les lacunes de mon travail.

Permettez-moi, messieurs, en terminant, de vous dire encore quelques mots relatifs à une réflexion de M. Broca. Notre collègue nous a dit qu'il croyait que la Société devrait laisser de côté les questions qui se rattachent à la tératologie. Je vous rappellerai d'abord que ce n'est pas moi qui ai provoqué cette discussion et que, si j'ai pris la parole, ç'a été pour répondre aux instances très-bienveillantes de plusieurs de mes collègues. Mais après avoir rappelé ce fait, je dois dire que je considère les questions de tératologie comme rentrant complétement dans le cadre de nos études.

J'appartiens à la Société depuis sa fondation, et bien que

mon éloignement de Paris m'ait empêché d'assister à ses séances aussi souvent que je l'aurais voulu, j'ai toujours suivi de loin ses travaux avec le plus vif intérêt. Or toutes les discussions de la Société se sont groupées autour de deux questions qui, en réalité, n'en font qu'une : celle de l'origine des races humaines, puis celle de l'origine des formes vivantes. J'ai étudié avec le plus grand soin les arguments des monogénistes et des polygénistes, des transformistes et des non-transformistes, et, je dois le déclarer, ni les uns ni les autres ne m'ont convaincu. Ces deux problèmes restent sans solution, parce que nous n'en possédons pas toutes les données. Et je suis convaincu qu'ils resteront toujours sans solution, du moins tant que nous n'aurons, pour les résoudre, que des faits d'observation.

Mais si l'observation faisait place à l'expérience ; si, au lieu d'attendre les faits, nous en provoquions l'apparition, peut-être la situation pourrait-elle changer. J'ai la conviction que, si la solution du problème est accessible à notre intelligence, c'est la tératogénie, c'est-à-dire l'étude de la formation des monstres, qui doit nous en fournir les éléments. C'est cette pensée qui m'a fait entreprendre mes recherches sur la formation des monstres ; c'est elle qui m'engage à y persévérer, en dépit de toutes les difficultés que je rencontre, et qui proviennent en partie du sujet lui-même, et en partie de l'insuffisance des moyens d'étude dont j'ai pu, jusqu'à présent, disposer.

Paris. Typographie A. HENNUYER, rue d'Arcet, 7.

www.ingramcontent.com/pod-product-compliance
Lightning Source LLC
LaVergne TN
LVHW012058030726

842523LV00002B/589